Schriften
der Wissenschaftlichen Gesellschaft in Straßburg
17. Heft

Chemische Steuerungsvorgänge im Tierkörper

Rede, gehalten in der Wissenschaftlichen Gesellschaft zu Straßburg am 6. Juli 1912

von

Franz Hofmeister.

Sechster Jahresbericht

erstattet von

Harry Bresslau

mit den Berichten der Herren Eduard Schwartz, Friedrich Preisigke und Otto Gradenwitz über die wissenschaftlichen Unternehmungen der Gesellschaft.

Straßburg
Karl J. Trübner
1912

Chemische Steuerungsvorgänge im Tierkörper

von

Franz Hofmeister.

Rede, gehalten in der Wissenschaftlichen Gesellschaft zu Straßburg
am 6. Juli 1912.

Straßburg
Karl J. Trübner
1912

Druck von M. DuMont Schauberg, Straßburg.

Hochansehnliche Versammlung!

Etwa 500 Jahre vor unserer Zeitrechnung soll Menenius Agrippa durch Erzählung der bekannten Parabel von dem Streik der Glieder gegen den Magen die aufständigen Plebejer zur friedlichen Beilegung ihres Streites mit den Patriziern bewogen haben. Es mag dahingestellt bleiben, ob diese lehrhafte Episode einen geschichtlichen Hintergrund hat. Die Parabel selbst zeigt aber jedenfalls, daß die moderne Lehre, wonach der Organismus als ein Staatswesen aufzufassen ist, das seine Leistungsfähigkeit dem zweckmäßigen Zusammenarbeiten seiner Teile verdankt, in ein ehrwürdiges Alter hinaufreicht. Dadurch, daß man in neuerer Zeit gelernt hat, die lebenden Zellen als die Bürger dieses Staatswesens anzusehen, hat die Fabel nichts an Richtigkeit eingebüßt. Dagegen würde man allerdings dem Magen jetzt nicht mehr eine so ausschlaggebende Rolle zusprechen, ja man käme sogar in Verlegenheit, ein bestimmtes Organ als das besonders lebenswichtige zu bezeichnen, da die neuere physiologische Forschung gelehrt hat, daß neben den Organen, die man bis vor kurzem als für das Leben unentbehrlich angesehen hat, wie Gehirn, Herz, Lunge, Leber, Niere usw. noch eine ganze Reihe unscheinbarer und früher ganz vernachlässigter Organe wie Nebennieren, Schilddrüse, Epithelkörperchen, Hypophyse, wichtige, ja unentbehrliche Funktionen zu erfüllen haben.

Damit nun ein so verwickelt gebauter Apparat, wie es der Tierkörper ist, in der für seinen Fortbestand nötigen Ordnung arbeitet, ist, abgesehen von der den Zellen zugeführten Triebkraft, als welche in der Hauptsache die chemische Energie anzusehen ist, eine Summe von Einrichtungen notwendig, durch welche erreicht wird, daß sich die Tätigkeit der Zellen und der aus ihnen aufgebauten Zweckverbände, der Organe, innerhalb jener Grenzen hält, die ihr vom Wohle der Gesamtheit vorgeschrieben sind.

Solche Steuerungseinrichtungen sind auf dem Gebiet der menschlichen Gesellschaft ausreichend bekannt. Hält auf der einen Seite „Hunger und Liebe die Welt im Getriebe", so sorgen auf der anderen Seite Gesetze und Vorschriften, denen ein vielköpfiges Beamtenheer Augen und Arme verleiht, dafür, daß diese übermächtigen Triebe nicht über die Grenzen einer relativen Unschädlichkeit hinausgreifen. In demselben Sinne aber üben, ohne daß wir uns dessen bewußt werden, die Suggestionen, die durch Sitte, Erziehung und Gewohnheit übermittelt werden, ihren staatserhaltenden Einfluß.

Ähnlich steht es mit den Steuerungseinrichtungen unseres Körpers. Nur zum geringsten Teile sind sie von der Zentralbehörde, vom Bewußtsein und Willen abhängig; die meisten zweckmäßigen Abwehr- und Schutzeinrichtungen fungieren autonom, und ihr Wirken kommt uns oft verspätet, meist gar nicht zur Kenntnis. Zwar erhält uns das Bewußtsein, das durch eine relativ geringe Anzahl von Körperzellen repräsentiert wird, dauernd in der Meinung, daß es den ganzen Körper und seine Leistungen beherrscht. Das ist aber Täuschung. Tatsächlich entziehen sich zahllose Vorgänge, vor allem die des vegetativen Lebens, völlig seiner Kenntnis. Und dies sehr zu unserem Vorteil. Denn wenn unsere Hirnrinde von all den zahllosen, in Gliedern und Eingeweiden vor sich gehenden Einzelheiten Kunde erhalten und sie direkt überwachen und regeln müßte, bliebe ihr zu eigener Arbeit kein Raum.

Darnach müssen auch für diese unbewußten Vorgänge zuverlässige, selbsttätige Steuerungseinrichtungen bestehen. Bei ihrer Mannigfaltigkeit und Kompliziertheit ist von vornherein zu erwarten, daß diese Einrichtungen nach ganz verschiedenen Prinzipien angeordnet sein werden.

Wie solche Einrichtungen funktionieren, ist uns am besten für die „Reflexe" bekannt. Ein wohlschmeckender Stoff unserer Nahrung trifft, um ein Beispiel anzuführen, bei seiner Verbreitung in der Mundhöhle auf eine Sinneszelle des Geschmackorgans. Er wirkt hier als „Reiz", d. h. er veranlaßt darin eine rasch verlaufende Änderung des in der Sinneszelle sonst herrschenden physikalischen und chemischen Gleichgewichtszustandes. Diese Abänderung löst nun ihrerseits in dem mit der Sinneszelle verknüpften Nerven eine „Erregung", d. h. wiederum eine Änderung des Durchschnittszustandes aus, die sich zum Gehirn fortpflanzt und hier neuerdings eine Erregung veranlaßt, die schließlich in den Speicheldrüsen die Bildung von Speichel und dessen Abfließen nach der Mundhöhle, also nach dem Orte des Reizes, hervorruft. Man sieht hier eine Reihe von Vorgängen, von denen einer den andern mit Notwendigkeit bedingt, sodaß auf den ursprünglich gesetzten Reiz — die Geschmacksempfindung — die adäquate Reizantwort — die Speichelsekretion — erfolgt. Es tut zunächst nichts zur Sache, daß wir über die Reihe von Energieumwandlungen, aus denen sich der Vorgang zusammensetzt, gerade in diesem Beispiel nicht näher unterrichtet sind, obgleich ein Zweifel daran, daß es sich um chemische und physikalisch-chemische Prozesse handelt, nicht besteht. Wesentlich für unsere Betrachtung ist aber, daß durch den Reiz ein zweckmäßiger, d. h. in der

Regel für den Organismus förderlicher Reizeffekt nicht an der Reizstelle, sondern an ganz anderem Orte, hervorgerufen wird, daß er somit eine Fernwirkung ausübt.

Dadurch, daß zwischen dem Orte des Reizes, dem Geschmacksorgan, und dem schließlich erregten Endapparat, den Speichelzellen, eine kontinuierliche Verbindung durch Nerven besteht, erhält dieser Mechanismus eine besondere Promptheit und Sicherheit. Daß indessen eine kontinuierliche anatomische Verbindung bei solchen Regulationseinrichtungen nicht unentbehrlich ist, geht schon daraus hervor, daß es zahlreiche Organismen gibt, von den Pflanzen ganz abgesehen, denen nervöse Leitungsbahnen fehlen, und die doch durchaus zweckmäßig auf einwirkende Reize reagieren. Hier muß somit die Übertragung in anderer Weise erfolgen. Diese Form der Selbststeuerung ohne Nervenbeteiligung ist aber auch bei den höchstentwickelten, mit Nerven ausgestatteten Organismen erhalten und hier um so wichtiger, als sie gerade die elementarsten und wichtigsten vegetativen Funktionen, Ernährung und Fortpflanzung beherrscht.

Man hat diese Steuerungsvorgänge den seit altersher bekannten, durch Nervenbahnen vermittelten „echten“ Reflexen als „chemische“ Reflexe gegenübergestellt, da es sich dabei um chemische Wirkungen eigenartiger Stoffe (sogenannter „Hormone“) handelt. Doch ist das wohl nur eine vorläufige Bezeichnung, zumal da sie leicht zu einer schiefen Auffassung führen kann, auch nicht die Summe der hierhergehörigen Erscheinungen erschöpft. Denn neben den nicht durch Nervenbahnen vermittelten Steuerungsvorgängen, die eine räumliche Fernwirkung erzielen, gibt es solche mit zeitlicher Fernwirkung, d. h. wo ein bestimmter chemischer oder physikalisch-chemischer Vorgang nicht, wie bei einem Reflex, sofort, sondern erst nach längerer Zeit, nach Tagen oder Wochen, seine Wirkung entfaltet. Da unsere tägliche Erfahrung auf das post hoc — ergo propter hoc eingestellt ist, spricht man da gewöhnlich nicht von Reiz und Reizeffekt, insofern mit Unrecht, als der Zeitfaktor in den Naturvorgängen nur eine relative Bedeutung beanspruchen kann.

Solche vom Nervensystem unabhängige Steuerungsvorgänge mit räumlicher oder zeitlicher Fernwirkung werden, soweit man darüber unterrichtet ist, durch chemische oder physikalisch-chemische Reaktionen vermittelt. Damit ist nicht ausgeschlossen, daß in geringerem Umfange auch andere Energieumwandlungen daran Anteil haben. Vor allem ist in manchen Fällen sicher auch ein Zusammenwirken von solchen Prozessen mit an die Nervenbahnen geknüpften vorhanden. Wenn ich daher weiterhin von chemischen Steuerungsvorgängen spreche, so sollen damit allgemein solche gemeint sein, bei denen in der Kette der physiologischen Reaktionen Glieder von rein chemischer Natur eine wichtige Rolle spielen, ohne Rücksicht darauf, daß etwa die übrigen Glieder der Kette energetische Prozesse anderer Art darstellen.

Bevor ich näher auf das Wesen dieser chemischen Steuerungsvorgänge eingehe, sei es mir gestattet, einige Beispiele vorzuführen und zwar zunächst solche, wo es sich um eine räumliche Fernwirkung, wie bei den echten Reflexen handelt.

Bekanntlich löst die Aufnahme der Speisen in der Regel die Ausscheidung des Magensaftes aus. Dieser reagiert von freier Salzsäure sauer und greift, mit Hülfe des gleichzeitig sezernierten Pepsins die Eiweißkörper der Nahrung energisch an. Wenn dann der Mageninhalt später seinen Weg in den Dünndarm findet, so löst er hier die Sekretion der Bauchspeicheldrüse aus, die den im Magen begonnenen Abbau der Nährstoffe weiterführt. Wie diese Auslösung erfolgt, ist lange unverständlich gewesen, und man war allgemein geneigt, anzunehmen, daß es sich dabei um einen nervösen Vorgang nach Art der echten Reflexe handelt, bis gezeigt wurde, einmal, daß der in den Darm übertretende Mageninhalt nur durch seinen Säuregehalt sekretorisch wirkt, ja, daß verdünnte Säure mit Umgehung des Magens in den obersten Teil des Dünndarms gebracht, denselben Effekt hat, sodann, daß sich die Sekretion auch auslösen läßt, wenn man vor dem Versuch möglichst vollständig alle nervösen Verbindungen zerstört hat, die bei einer reflektorischen Übertragung beteiligt sein könnten. Es konnte sich also nicht um einen Reflexvorgang handeln, etwa wie bei der Hervorrufung der Speichelsekretion. Endgültig wurde der Vorgang in der Hauptsache aufgeklärt durch Bayliss und Starling, welche zeigten, daß es genügt, einen Salzsäureauszug aus der Schleimhaut des oberen Teils des Dünndarms zu bereiten und ihn nach Neutralisation mit Umgehung des Magens in das Blut einzubringen. Danach besteht dieser Vorgang, wie er sich automatisch vollzieht, aus folgenden Gliedern: Übertritt des salzsäurehaltigen Mageninhalt in den obersten Teil des Dünndarms, Bildung eines wirksamen Stoffes aus Bestandteilen der Dünndarmschleimhaut durch die Säure, Übertritt dieses Stoffes durch Resorption in das Blut, Zuführung desselben mit dem Blutstrom zur Bauchspeicheldrüse, hier endlich Erregung der sekretorischen Apparate der Drüse.

Das scheint nun recht kompliziert! Und doch wäre es schwierig, einen einfacheren und dabei den physiologischen Bedürfnissen besser entsprechenden Auslösungsmechanismus zu ersinnen. Da nämlich die Magensekretion an sich nur in dem Fall ausgiebig und nachhaltig ist, wenn es sich um für die Tierspezies geeignete Nährstoffe handelt, während unverdauliche Ingesta nicht sekretionsanregend wirken, so ergibt sich, daß auch die Sekretion des Bauchspeichels von diesem Moment abhängig gemacht ist, d. h. die Sekretion tritt nur nach Zufuhr der dem Tier adäquaten Nahrung ein und

— das kommt hinzu — sie findet ein Ende, wenn der Magen keinen Inhalt mehr an den Dünndarm abgibt, d. h. wenn kein Bedarf mehr gegeben ist.

Im vorliegenden Fall erfolgt der Transport des regulatorisch wirkenden chemischen Körpers, des „Sekretins“, wie man ihn genannt hat, von der Bildungsstätte im Darm nach dem Ort der Wirkung durch die Blutbahn. Dies ist bei dieser Form von Regulation der gewöhnlichste Weg. Daß er nicht der einzige ist, mag ein Beispiel lehren, das sich dem eben mitgeteilten nahe anschließt.

Die Bauchspeicheldrüse liefert in den Darm ein Sekret, das die vom Magensaft eingeleitete Spaltung der Eiweißstoffe überaus kräftig weiterführt. Das dabei wirksame Ferment, welches den Namen Trypsin führt, greift das Eiweißmolekül bei neutraler, schwach saurer und schwach alkalischer Reaktion an. Bei der annähernd neutralen Reaktion der tierischen Gewebe ist nun zu erwarten, daß das Trypsin auch das Eiweiß der lebenden Zellen angreift, und in der Tat erweist es sich, in die Gewebe eingebracht, als ein Gift von heftigster örtlicher Wirksamkeit. Auch das Gewebe der Bauchspeicheldrüse selbst, dem es doch seine Entstehung verdankt, unterliegt seiner zerstörenden Wirkung. Unter diesen Umständen erscheint es zunächst rätselhaft, daß die Drüse, die das Gift erzeugt, von seiner Wirkung verschont bleibt.

Die Lösung dieses Rätsels ist wiederum sehr einfach. Die Drüse bildet dieses Gift nicht in seiner wirksamen Form, sondern nur eine harmlose Vorstufe davon, der man den Namen „Protrypsin“ gegeben hat. Das Protrypsin behält während des Sekretionsvorgangs, und solange es durch den Ausführungsgang der Drüse wandert, seinen unschädlichen Charakter. Ist es aber einmal in den Darm gelangt und trifft hier mit dem Sekret der Darmschleimhaut, dem sog. Darmsaft, zusammen, so wird es durch einen fermentartig wirkenden Bestandteil des Darmsaftes sofort in Trypsin übergeführt und kann nun seine Verdauungskraft entfalten, und zwar ohne Schaden anzurichten, da die Darmschleimhaut gegen seine Wirkung gefeit ist.

Wieder andere Formen von chemischer Selbstregulierung beherrschen die Vorgänge des Stoffwechsels. Es handelt sich dabei vielfach um Einrichtungen, die geeignet sind, das Blut als den Säftestrom, aus dem alle Organe gespeist werden, auf annähernd gleichem Gehalt an verfügbaren Nährstoffen zu erhalten. So ein Nährstoff ist z. B. der Traubenzucker. Er fehlt dem Blute der höheren Tiere unter normalen Verhältnissen nie. Hoppe-Seyler hat einmal darauf hingewiesen, daß die Zellen auch der höchstentwickelten Organismen gleich den einfachsten Lebewesen im Wasser leben und zwar in fließendem. Er meinte damit den Blut- und Säftestrom. Man könnte diesen Ausspruch für die höheren Tiere ergänzen, indem man sagte, in einer verdünnten Zuckerlösung. Denn nur bei Stoffwechselstörungen, die rasch zum Tode führen, z. B. nach Wegnahme der Leber, kommt es zu einem Verschwinden des Zuckers aus dem Blut und den Gewebsflüssigkeiten.

Mit dieser Wichtigkeit des Traubenzuckers für die Gesamtheit der Ernährungsvorgänge steht es nun in Einklang, daß der Zuckergehalt des Blutes dauernd mit einer erstaunlichen Genauigkeit auf derselben Höhe erhalten wird, mag mit der Nahrung Zucker zugeführt werden oder nicht. Es liegt hier eine Regulation vor, die in vieler Beziehung an die Herstellung des Gleichgewichts bei reversiblen chemischen Prozessen erinnert und in der Tat möglicherweise auf dem gleichen Mechanismus beruht. Wird nämlich dem Blut mit der Nahrung Zucker zugeführt, so steigt der Gehalt daran nicht oder nur unerheblich. Der Überschuß verläßt das Blut sehr rasch und wird in Form eines leicht angreifbaren Reservestoffes, des Glykogens, außerhalb des Blutes vor allem in der Leber abgelagert. Die Bildung des Glykogens, die in einer Aneinanderlagerung zahlreicher Zuckermoleküle unter Wasserabspaltung besteht, vollzieht sich, wie man durch entsprechende Untersuchung nachweisen kann, überraschend schnell. Umgekehrt führt ein Zuckerverlust des Blutes, wie er durch gesteigerte Muskelarbeit oder durch gewisse Störungen der Nierentätigkeit gesetzt wird, sofort zu einem Ersatz aus dem in der Leber bereit gehaltenen Glykogenvorrat. Daneben muß aber noch eine weitere Zuckerreserve bestehen. Denn selbst nach tage-, ja wochenlanger Nahrungsentziehung zu einer Zeit, wo der Glykogenvorrat völlig erschöpft ist, zeigt das Blut den normalen Zuckergehalt. Es bestehen somit neben der Glykogenspeicherung noch regulatorische Einrichtungen, die im Falle des Bedarfs zu einer Neubildung von Zucker aus anderem Material, wie man Grund hat anzunehmen, aus Spaltungsprodukten des Körpereiweißes führen.

Ähnliche physiologische Gleichgewichtsverhältnisse müssen für einen weiteren wichtigen Nährstoff bestehen, für das Fett. Auch dieses wird in der Zeit des Überschusses für den Fall des Bedarfs aufgespeichert und zwar im Fettgewebe. Im Hunger schmilzt dieser Vorrat ein. Er dient zum Ersatz der vorenthaltenen Nahrung. Wie diese Heranziehung des Fettes erfolgt, ist merkwürdig wenig untersucht. Jedenfalls muß das Fett in seinen Reservedepots mobilisiert und durch die Blutbahn nach dem Orte des Verbrauchs geführt werden. Wie präzis aber diese Einrichtung arbeitet, geht aus der Tatsache hervor, daß sich beim Hungernden der Fettgehalt des Blutes kaum ändert. Die Heranziehung des Reservefettes erfolgt dem Bedarf entsprechend höchst gleichmäßig. Dabei kann es sich nur um chemische Regulationen handeln, denn das Fettgewebe entbehrt jeder nervösen Einrichtung, durch die es Kunde von dem den Geweben drohenden Mangel erhalten und zu einer Abgabe seines Vorrats veranlaßt werden könnte.

In ganz ähnlicher Weise regelt ferner der Organismus auf chemischem

Weg seinen Sauerstoff- und seinen Wasserbedarf, nur daß hier das Nervensystem an dem Mechanismus der Regulierung einen größeren Anteil hat.

Auf außerordentlich merkwürdige Formen von chemischer Regulation hat die zur Zeit in stürmischer Entwickelung begriffene Lehre von der „inneren Sekretion“ der Organe geführt. Während man früher stillschweigend der bequemen Vorstellung huldigte, daß die Organe, welche ihrem anatomischen Baue nach nicht als Drüsen anzusehen sind, die ihnen zugeführten Nährstoffe an Ort und Stelle zu den Endprodukten, Harnstoff, Kohlensäure und Wasser, abbauen, hat sich später vielfach ergeben, daß manche von ihnen eigenartige Stoffe bilden, die von da in Blut und Lymphe übertreten und dann in anderen Organen physiologische Wirkungen entfalten. So bilden die Nebennieren einen jetzt chemisch genau bekannten Stoff, das Adrenalin, der noch in außerordentlicher Verdünnung in der Menge von einem Tausendstel eines Milligramms kräftige Wirkungen auf den Gefäßapparat ausübt. Da jetzt sichergestellt ist, daß dieser Stoff normalerweise an das Blut abgegeben wird, darf man ihm wohl eine Rolle bei der Aufrechterhaltung der Zirkulation zuschreiben. Man hat weiter physiologisch wirksame Stoffe im Hirnanhang, in den Keimdrüsen und anderswo nachweisen können. Ferner schließt man aus den schweren Störungen, die die Entfernung der Bauchspeicheldrüse, der Schilddrüse, der ihr beigeordneten Epithelkörperchen, zur Folge hat, auf besondere chemische Funktionen dieser Organe, da sich die sonst bevorzugte Erklärung, wonach es sich bloß um Läsionen nervöser Bahnen handeln sollte, als unzutreffend erwiesen hat.

Auf keinem Gebiet der Physiologie spielt aber die chemische Koordination eine so ausschlaggebende Rolle, wie auf dem der Fortpflanzung. Dafür spricht schon die Tatsache, daß sich die ersten Entwicklungsphasen der einfachen, wie der kompliziert gebauten Tiere, vor der Organisation des Nervensystems abspielen. Altbekannte Tatsachen lehren ferner, daß auch die höchstentwickelten Organismen, dort, wo die Fortpflanzung in Frage kommt, von chemischen Impulsen beherrscht werden.

Ich erinnere da zunächst an die tausendjährige Erfahrung, daß die frühzeitige Entfernung der Geschlechtsdrüsen zu einem Ausfall der sog. sekundären Geschlechtsmerkmale, z. B. Bartwuchs und Stimmwechsel beim Manne, Kamm-, Bartlappen- und Sporenbildung beim Hahn, Geweihwachstum beim Rehbock usw. führt. Bei dem Mangel besonderer Nerven- und Gefäßbeziehungen zwischen den Fortpflanzungsorganen und den Orten dieser Geschlechtsmerkmale, die je nach der Tierart an sehr verschiedenen Stellen erscheinen, kann man sich für diesen Zusammenhang kaum eine andere Vorstellung bilden, als daß von den Fortpflanzungsdrüsen Stoffe gebildet und an den übrigen Organismus abgegeben werden, die eine spezifische

Wirkung auf andere Organe besitzen, darunter in augenfälliger Weise auf jene, an denen sich die sekundären Geschlechtsmerkmale ausbilden.

Für diese chemische Fernwirkung hat die neuere Zeit direkte Beweise erbracht. Marshall und Jolly z. B. haben gezeigt, daß die Injektion von Extrakten, die aus den Ovarien brünstiger Hunde bereitet waren, bei der Ovarien beraubten Hunden alle Zeichen der Brunst hervorzurufen vermag, und man hat seitdem beobachtet, daß auch die Extrakte von Ovarien anderer Tierarten (Kühen) in gleichem Sinne wirksam sind. Andererseits hat man nachgewiesen, daß es möglich ist, bei nichtbrünstigen Froschmännchen durch Beibringung eines Extrakts aus Froschtestikeln und seltsamerweise auch aus Froschovarien die typischen Brunsterscheinungen hervorzurufen.

Man ist geneigt, dem chemisch völlig unbekannten Stoff, der diese Wirkung vermittelt, alle jene anderen Wirkungen, vor allem auch auf das zentrale Nervensystem zuzuschreiben, die dem Geschlechtstrieb zukommen. Es mag unsäglich nüchtern klingen, wenn man die Äußerungen einer von den Dichtern aller Zeiten verherrlichten Leidenschaft als die Folge einer Vergiftung durch einen in uns unbewußt entstehenden chemischen Stoff, als Ausdruck einer „Erotisierung des Zentralnervensystems“, wie man gesagt hat, auffaßt. Indessen hat auf diesem Gebiete, wo Zote und Mysterium hart beieinander wohnen, Nüchternheit doppelte Berechtigung. Die instinktive Erkenntnis des Volkes hat diese Auffassung längst vorweggenommen, wie aus der Bezeichnung Liebesrausch und aus der Sage vom Liebestrank hervorgeht, die kaum dadurch an innerer Wahrheit einbüßt, daß das verhängnisvolle Gift schon im Blute Tristans kreist, bevor Isolde ihm den Becher reicht.

Von ähnlichen Einrichtungen, die eine Sicherung der Fortpflanzung darstellen, sei noch die folgende erwähnt, weil sie mehrfach genauer verfolgt worden ist. Die Tatsache, daß die Gravidität das Wachstum der Milchdrüsen anregt, hat man früher auf eine allerdings anatomisch schwer verständliche nervöse Beziehung zwischen Uterus und Milchdrüsen bezogen. Diese Vorstellung ist am schlagendsten durch Ribbert widerlegt worden, der beim Meerschweinchen eine einzelne Milchdrüse gänzlich aus ihrer Nerven- und Gefäßverbindung löste und in der Nähe des Ohrs zum Anheilen brachte. Als das Tier gravid wurde, machte die überpflanzte Drüse die Veränderungen der unberührt gebliebenen bis zur Milchsekretion mit. Welcher Teil des trächtigen Tieres dabei den Stoff liefert, der durch das Blut den Milchdrüsen zugeführt, hier das vermehrte Wachstum bewirkt, ist von Starling und Miss Lane-Claypon in der Weise aufgeklärt worden, daß sie Extrakte aus Kaninchenembryonen herstellten und durch längere Zeit virginalen Kaninchen beibrachten. Sie konnten in der Tat auf diesem

Wege Wachstum und Sekretion der Milchdrüsen erzielen. Es ist nicht von prinzipieller Bedeutung, daß andere Autoren daneben auch Extrakte aus anderen Teilen des graviden Geschlechtapparates in gleichem Sinne wirksam fanden.

Die vorgeführten Beispiele zeigen, daß die selbsttätigen chemischen Regulationen im Tierkörper in recht verschiedener Art zustande kommen. Wesentlich ist, daß ein chemischer Stoff, der an einem Orte erzeugt wird, auf irgend eine Weise, meist mit dem Blute, an einen anderen Ort gelangt und hier seine Wirkung entfaltet. Damit das geschieht, bedarf es an dem Ort der Wirkung der „Empfangsstation" besonderer auf den betreffenden Stoff abgestimmter Einrichtungen, denn nur hier kann er in der Regel seine spezifische Wirkung entfalten. Was von ihm an andere Orte gelangt, geht zum größten Teile verloren.

Wenn man die Nervenbahnen ihrer Funktion nach mit Telegraphenleitungen verglichen hat, so könnte man die dargelegte Übermittelung von chemischen Impulsen, wo eine genügende Zuverlässigkeit nur durch die gegenseitige Abstimmung von Reizstoff und Reizempfänger erreicht ist, einigermaßen mit der drahtlosen Telegraphie in Vergleich bringen, freilich mit dem gewaltigen Unterschied, daß die Verbreitungsgeschwindigkeit auf chemischem Wege jener der elektrischen Wellen außerordentlich nachsteht.

Ich möchte aber nicht unterlassen, darauf hinzuweisen, daß diese Art der Übertragung auch sonst im Organismus sehr verbreitet ist. Die mannigfachen Nährstoffe, die vom Darmkanal ins Blut gelangen, wandern nicht mit gebundener Marschroute nach dem Orte des Bedarfs. Sie verbreiten sich mit den strömenden Flüssigkeiten nach osmotischen Gesetzen und nach Adsorptions- und Löslichkeitsverhältnissen, sie werden nur am Orte des Bedarfs besonders leicht festgehalten und verbraucht. Ebenso erklärt sich die merkwürdige Beschränkung mancher Formen von Arznei- und Giftwirkung auf ganz bestimmte nervöse oder sekretorische Apparate. Man könnte auch hier von einer spezifischen Abstimmung des Reizortes auf den Reizstoff sprechen.

Wenn ich bisher von chemischen Regulationsmechanismen gesprochen habe, wo die wirksamen Stoffe eine räumliche Fernwirkung aufweisen, so ist damit deren Mannigfaltigkeit nicht erschöpft. Schon das früher angeführte Beispiel, die Anregung des Milchdrüsenwachstums durch vom tragenden Uterus ausgehende Stoffe, zeigt neben der räumlichen zugleich eine zeitliche Fernwirkung. Denn Wachstumsvorgänge verlaufen langsam, und zwischen Reiz und Reizantwort liegt da stets ein gewisser Zeitraum. Das ist aber durchaus nicht der einzige Fall der Art. Daß der Organismus gegebenenfalls auf chemische Einwirkungen erst nach einem längeren Zeitintervall durch eine spezifische Reaktion antwortet, geht besonders schlagend aus Tatsachen hervor, deren Kenntnis wir neueren Erfahrungen der Pathologie verdanken.

Bringt man einem Kaninchen eine kleine Menge Eiereiweiß durch die Vene bei, so hat das zunächst keine Erscheinungen zur Folge. Aber nach einer Anzahl von Tagen hat das Blutserum des Kaninchens die Fähigkeit erworben, beim Zusammenbringen mit äußerst geringen Spuren von Eiereiweiß, aber nicht mit anderen Eiweißstoffen, einen Niederschlag zu geben. Es ist somit in der Zwischenzeit im Organismus ein Stoff entstanden, der mit Eiereiweiß unter Niederschlagsbildung reagiert. Es ist das eine der mannigfachen Immunitätsreaktionen, die neuerer Zeit in verschiedenster Richtung praktische Bedeutung gewonnen haben. Es handelt sich dabei regelmäßig um ein für das Blut des betreffenden Tieres fremdartiges Kolloid, das „Antigen“, welches die Bildung eines mit ihm reagierenden neuen Stoffes des „Antikörpers“ oder sonst ein abnormes Reaktionsvermögen auslöst, wobei sich die Reaktion, die stets einen spezifischen Charakter hat, in letzter Linie in der Hervorrufung von Niederschlägen, oder in Lösungswirkungen, in Aufhebung der Toxizität oder auch umgekehrt in Erzeugung von Überempfindlichkeit äußert. Eine stets zu beobachtende Erscheinung ist aber dabei, daß die Entwicklung solcher Immunitätssymptome eine bestimmte längere Zeit erfordert.

Die Erklärung für diesen langsamen und doch zeitlich bestimmten Ablauf findet man ohne Schwierigkeit, wenn man sich an die nächstliegende Vorstellung hält, daß es sich um eine chemische Reaktion oder, was besser zutrifft, um eine Reihe von einander gegenseitig bedingenden chemischen Reaktionen, eine „Reaktionsfolge“, handelt.

Chemische Reaktionen, auch solche einfachster Art, bedürfen einer bestimmten Zeit zu ihrem völligen Ablauf. Diese Zeit ist dort, wo es sich um einen bloßen Ausgleich elektrischer Spannungen handelt, wie z. B. bei der Neutralisation einer Säure durch eine Base, äußerst kurz. Sie ist sehr viel länger, wo solche Spannungen fehlen oder doch gering sind, wie z. B. bei der Zerlegung eines Esters durch Wasser in Säure und Alkohol. Da ist die Reaktionsgeschwindigkeit bequem meßbar, und es gibt derartige Reaktionen, die Monate, ja Jahre brauchen, ehe sie ihr Ende erreichen. Dieser träge Verlauf kann auch für ganze Reihen von Reaktionen zutreffen, und mit diesen hat man es bei den Lebensvorgängen vorwiegend zu tun. So kann es sich, um bei dem einmal gewählten Beispiel zu bleiben, auch bei den Immunitätsreaktionen nicht um chemisch-einfache Vorgänge handeln. Es ist z. B. der als Endglied des Vorgangs auftretende Antikörper, soweit man von ihm Kenntnis hat, nicht ein chemisches Umwandlungsprodukt des Antigens, sondern ein davon ganz verschiedener Stoff, der aus den vom Antigen geschädigten Körperzellen herstammt. Er ist durch eine Reihe von chemischen Vorgängen gebildet worden, deren jeder wieder seine eigene Reaktionsgeschwindigkeit besitzt, wozu noch die Zeit hinzukommt, die einerseits das Antigen benötigt, um zu den Körperzellen zu gelangen und andererseits die Zeit, die der Antikörper braucht, um von dem Ort der Bildung ins Blut zu kommen.

In der Tat gehören in der Natur Vorgänge, bei denen nach einer Periode der Ruhe scheinbar unvermittelt augenfällige, ja stürmisch verlaufende Veränderungen eintreten, zu den allergewöhnlichsten. Ein Einblick in den Zusammenhang ist uns da nicht immer gewährt. Meist sehen wir in der Natur nur die lebhaft ablaufenden Episoden, aber es fehlt uns der verbindende Text. Der Nachweis, daß die scheinbaren Ruheperioden in Wirklichkeit geräuschloser chemischer Vorarbeit gewidmet sind, kann uns in vielen Fällen diesen Zusammenhang erklären.

Warum ein Pflanzensame erst nach einer längeren Ruheperiode keimfähig wird, warum das Maiglöckchen erst nach einer bestimmten Reihe von Jahren Blüten ansetzt, warum der Maikäfer eines dreijährigen Vegetierens als Engerling bedarf, ehe er seine endgültige Form annimmt und so vieles andere läßt sich verstehen, wenn man sich vor Augen hält, daß die scheinbar unmotiviert eintretende Entwicklungsphase nur das Endglied einer langen Reihe von Umwandlungen ist, die aber, weil rein chemischer Natur, unserer Aufmerksamkeit oder unseren Beobachtungsmethoden entgehen. Während sich die Form kaum geändert hat, hat inzwischen die chemische Energie eine ganz andere Anordnung erfahren. Im Moment der Auslösung treten dann rasch ablaufende chemische Vorgänge, begleitet von Formveränderungen, ein, und zwar mit derselben Sicherheit, mit der eine Explosionsuhr nach Wochen oder Monaten, aber auf die Minute genau, die Sprengladung zur Entzündung bringt.

Ich habe mit diesen Ausführungen schon das Gebiet des Wachstums und der Entwicklungsvorgänge gestreift. Vielleicht werden sie mir darin zustimmen, daß es in der angedeuteten Weise gestattet ist, den chemischen Bau des entwickelten Organismus als das Endergebnis von gesetzmäßig ablaufenden und sich gegenseitig bedingenden chemischen Reaktionen aufzufassen.

Damit ist indes nur eine und zwar die chemische Seite der Frage beleuchtet. Das Verständnis der Formbildung geht dabei anscheinend leer aus. Und doch liegt gerade nach dieser Richtung ein allgemein gefühltes Bedürfnis vor! Denn wir sind nun einmal abhängig von unseren Sinnesorganen, und unsere chemischen Sinne, Geschmack und Geruch, spielen gegenüber den anderen, namentlich aber hinsichtlich des Auges, eine recht klägliche Rolle. Form und Farbe beherrschen tyrannisch unsere Vorstellungen. Dem Laien ist Entwicklung und Wachstum nur eine Reihe von Formänderungen, und auch dem Biologen erscheint es als der heikelste Punkt jeder Entwicklungstheorie, „wie aus der Kraft Form wird“.

Lassen Sie uns diesen heiklen Punkt ohne Vorurteil ins Auge fassen. Halten wir uns, um das Schwierigste vorweg zu nehmen, an die Erscheinung, die dem Verständnis besonders schwer zugänglich ist, an das Werden eines Organismus aus dem befruchteten Ei. Was bedeuten die hier ablaufenden, dem bewaffneten Auge sichtbaren Vorgänge bei nüchterner, chemischer und physikalischer Betrachtung? Der Hauptsache nach chemische Reaktionen, bei denen gelöste Kolloidstoffe in ungelöste, gequollene übergeführt und in bestimmter Anordnung im Raume verteilt werden. Der Übergang von löslichen in ungelöste Kolloide ist nun eine, dem Kolloidchemiker überaus geläufige Erscheinung. Gerade die Hauptbausteine der Organismen, die Eiweißkörper, neigen dazu in hervorragendem Maße. Sie fehlt selbst den leicht krystallisierenden Albuminen nicht, sie ist aber bei den am Aufbau der Zellen vorwiegend beteiligten Globulinen noch viel ausgesprochener vorhanden. Genügt ja schon das Schütteln mit Luft, die Berührung mit festen Objekten, überhaupt eine Änderung der Oberflächenspannung, um in Eiweißlösungen Trübung oder Bildung von Fäden und Membranen hervorzurufen. Das Mikroskop lehrt, daß diese Veränderungen im Prinzip zu den gleichen Bildern führen, wie sie in den Zellen wahrgenommen werden. Gruppierung der früher unsichtbaren Kolloidmoleküle zu Körnchen, Tröpfchen, Globuliten, Fäden, Netzen, Membranen und Schaumstrukturen. Hier liegt sonach kein grundlegender Unterschied gegenüber den Wachstumsvorgängen vor. Freilich in der Eizelle bei der Furchung ordnen sich diese Partikelchen in ganz bestimmter Weise, und die wunderbaren Vorgänge der Kern- und Zellteilung, das Auftreten von Membranen in bestimmter Anordnung, das Aneinanderreihen der Kernsubstanz zu eigentümlich gestalteten Fäden, das Wandern nach bestimmten Polen zu und so vieles andere, scheinen geradezu jeder einfachen Deutung zu spotten. Aber wir dürfen nicht vergessen, daß wir über die chemischen Veränderungen, die sich in dieser Zeit in dem werdenden Organismus vollziehen, zwar sehr wenig, doch immerhin soviel wissen, daß sie lebhaft erfolgen und mit einem regen Stoffwechsel verbunden sind. Solche Veränderungen müssen aber notwendig zu Konzentrationsverschiedenheiten, daher zu Differenzen der elektrischen Spannung, zu osmotischen Strömungen, zur Beeinflussung der Oberflächenspannung und so zur Bildung neuer chemischer Verbindungen führen. Die dadurch gegebenen neuen Verhältnisse beeinflussen aber wieder die chemischen Vorgänge, die Aufnahme von Wasser- und Sauerstoff, die Abgabe von Kohlensäure, die Verteilung der Kolloid- und Salzmoleküle durch Lösung, Adsorption und Ionisierung und werden so neuerdings zum Ausgangspunkt weiterer Verschiebungen und Umwandlungen, bis schließlich ein Gleichgewichtszustand erreicht ist, der eine Entwicklungsperiode abschließt. Soweit diese chemischen Wandlungen zu optisch wahrnehmbaren Produkten führen, kommen sie in Gestaltveränderungen zum Ausdruck. Da die Ausgangs-, aber auch die späteren Entwicklungsbedingungen bei den einzelnen Tierspezies kürzere oder längere Zeit identisch sind, ist es verständlich, daß das morphologische wie das chemische Ergebnis, die Organisation des entwickelten Tieres, annähernd gleich ist.

Die zahllosen näheren Vorgänge dabei entziehen sich allerdings vielfach der Untersuchung, und es wäre gewagt, ohne weiteres auf einen Zusammenhang von chemischer und Gestaltveränderung zu schließen, wenn nicht sonst in der belebten und unbelebten Natur Tatsachen vorlägen, die die Abhängigkeit der Form von der chemischen Natur des Substrates beweisen.

Die Art, wie die Teilchen eines krystallisierbaren Körpers sich aus Lösungen zu bestimmten Gestalten anordnen, ist eine spezifische Eigenschaft dieses Körpers. Nicht mit Unrecht gilt die Krystallform als eines der sichersten Kennzeichen chemischer Individualität. Die Natur des Stoffs bestimmt sonach die Form. Aber dieser Einfluß macht sich auch in der Richtung geltend, daß die Anwesenheit von Lösungsgenossen, oder, wie man gewöhnlich sagt, von Beimengungen, die Ausbildung der Krystallform sehr merklich und zwar in bestimmter Weise beeinflußt, manchmal bis zur Unkenntlichkeit abändert oder auch ganz verhindert. Auch bei der „amorphen“ Abscheidung von unlöslichen Kolloiden in Gestalt von Globuliten, Fäden, Membranen usw. hat die Zusammensetzung einen bestimmenden Einfluß. Daß auch die chemische Zusammensetzung der Eizelle, die sich zum Organismus entwickelt, für die Formentwicklung maßgebend ist, kann bei der großen Empfindlichkeit und Zartheit der erstentstehenden organisierten Gebilde nicht wundernehmen. Es fehlt da auch nicht an schlagenden Belegen. Das merkwürdigste Beispiel ist wohl die Beobachtung von Herbst, wonach ein geringer Zusatz von Lithiumsalz zum Seewasser, die Wachstumsform der sich darin entwickelnden Seeigeleier geradezu bis zur Unkenntlichkeit verändert.

Auf der anderen Seite haben vielfache Erfahrungen gelehrt, daß es möglich ist, aus anorganischem Material unter geeigneten Bedingungen Gestalten zu „züchten“, die den natürlich vorkommenden Lebensformen mikroskopisch oder makroskopisch erstaunlich ähnlich sehen. Es gelingt dies am besten bei sehr langsamer Bildung von Niederschlägen in einem dickflüssigen Medium. Man hat so künstliche Zellen und Zellenaggregate mit scheinbar spontanem Wachstum erzeugt, hat die Kernteilung in ihren verschiedenen Stadien imitiert, hat Pflanzen- und Tierformen von unerwartet verwickelter Struktur erhalten. Es ist natürlich eine Täuschung, wenn manche Autoren durch solche Versuche eine Art Urzeugung erreicht zu haben glauben. Indes steckt doch in diesen Spielereien ein ernstzunehmender Kern. Sie lehren nämlich, daß die morphologischen Vorgänge in der belebten und unbelebten Welt, gleiche Bedingungen vorausgesetzt, den gleichen Gesetzen gehorchen.

Daß die Auffassung der Entwicklung des Individuums als einer planmäßig sich verzweigenden Kette von chemischen und physikalischen Reaktionen, nicht mit einem Schlag alle Fragen der Entwicklungsphysiologie beantwortet, kann bei der Kompliziertheit der Lebensphänomene nicht Wunder nehmen. Immerhin vermag sie vielleicht das Unbehagen zu mildern, das den Naturforscher angesichts ihm aufstoßender, scheinbar nicht angreifbarer Probleme beschleicht. So hat es immer als eines der größten Rätsel gegolten, daß aus den Eizellen der verschiedenen Tierspezies, mögen sie sich noch so ähnlich sehen, schließlich Tierformen von größter Verschiedenheit hervorgehen. Hier scheint zunächst eine Erklärung ausgeschlossen. Denn, abgesehen von der nicht wegzuleugnenden Ähnlichkeit der Form, scheint die Eizelle auch einen relativ einfachen chemischen Bau zu besitzen. Ich sage „scheint“, denn mit dieser Einfachheit hat es seine guten Wege. Daß die Eier verschiedener Tierspezies aus den gleichen chemischen Baustoffen aufgebaut sind, muß sogar direkt bestritten werden. Wenn man sich nämlich vor Augen hält, daß die verschiedenen Säugetiere differente Blutfarbstoffe besitzen, daß sich aus den Immunitätsreaktionen ergeben hat, daß die einzelnen Tierarten in Blut und Geweben ihnen spezifisch eigentümliche Eiweißstoffe aufweisen, so kann man nicht wohl annehmen, daß gerade die Eizelle, die doch als Überträger aller Spezieseigenschaften fungiert, solcher spezifischen Bestandteile entraten sollte. Sind aber die Eiweißstoffe des Eies verschieden, so liefern sie bei dem während der Entwicklung eintretenden Abbau und Umbau notwendig Produkte verschiedener Natur oder doch in ungleichen Mengenverhältnissen. Nimmt man dazu, daß, soweit man beurteilen kann, auch andere komplizierte Stoffe der Eizelle, Nucleine, Lecithine, die Muttersubstanzen der Fermente ungleich gebaut, daß überdies alle diese und auch die übrigen im Ei vertretenen organischen und anorganischen Stoffe in einem für jede Tierart typischen quantitativen Verhältnis vertreten sind, und endlich, daß die Eizelle trotz ihrer Kleinheit Raum für Hunderte von verschiedenen chemischen Stoffen und die daraus sich ergebenden unendlich zahlreichen Kombinationen bietet, so wird man auf die äußere morphologische Ähnlichkeit kein zu großes Gewicht legen. Nicht in dem morphologischen, sondern im chemischen Bau der Eizelle, d. h. in Art und Anordnung der darin gelegenen chemischen Energie liegen die Triebkräfte und Richtungslinien der späteren Entwicklung.

Es ist klar, daß eine solche Erklärungsweise auch auf das anscheinend unnahbare Phänomen der Vererbung angewandt werden kann. Denn da die Komponenten des befruchteten Eies in dem chemischen Milieu der Eltern gewachsen sind, so können sie von da, soweit überhaupt Abweichungen der Zusammensetzung möglich sind, kleine individuelle Verschiedenheiten mitbringen, die durch zeitliche Fernwirkung später als vererbte Eigentümlichkeiten zutage treten. Es ist wohl kein Zufall, daß unter den durch Vererbbarkeit ausgezeichneten Abnormitäten jene chemischer Natur wie: abnorme Pigmentbildung, Cystinurie, Alkaptonurie, Hämophilie auffallend stark vertreten sind[1]).

Hochansehnliche Versammlung! Man hat dem Rätsel des Lebens von den verschiedensten Seiten beizukommen versucht. Ich habe mich darauf beschränkt, Ihnen vom Standpunkt des Biochemikers aus darzulegen, welche bedeutungsvolle Rolle den selbsttätigen Steuerungsvorgängen im Lebensprozeß zufällt. Dabei konnte nur ein kleiner Teil der hiehergehörigen Erscheinungen berührt werden. Ich habe daher auch darauf verzichten müssen, auszuführen, in wie hohem Maße von diesem Gesichtspunkt aus das Ineinandergreifen der chemischen Vorgänge im Innern der Zellen selbst, von Zelle zu Zelle, von Organ zu Organ dem Ideal eines sinnvoll geordneten, dabei mit den einfachsten Mitteln arbeitenden Staatswesens entspricht.

Doch hat vielleicht das Gesagte genügt, zu zeigen, daß die bisher stark vernachlässigte, chemische Auffassung der Lebensvorgänge heuristischen Wert hat und geeignet ist, die Grenzen des natürlich Erklärbaren hinauszurücken. Innerhalb dieser Grenzen fällt dem Forscher eine bedeutungsvolle und dankbare Aufgabe zu. Die Kampfrufe, die von jenseits dieser Grenzen, vom Tummelplatz der Mechanisten und Vitalisten herüberschallen, brauchen ihn nicht zu beirren, solange er bei dem bleibt, was ihm Pflicht, aber auch unantastbares Recht ist, geduldige und unvoreingenommene Arbeit.

[1]) Obige Darlegungen erheben naturgemäß keinen Anspruch auf sachliche und literarische Vollständigkeit. Gedanken, die der vorgetragenen Auffassungsweise nahe stehen, sind bereits mehrfach zum Ausdruck gekommen, so bei Driesch und namentlich bei Jacques Loeb.

SECHSTER JAHRESBERICHT

DER

WISSENSCHAFTLICHEN GESELLSCHAFT IN STRASSBURG

ERSTATTET

BEI DER JAHRESVERSAMMLUNG AM 6. JULI 1912

VON

HARRY BRESSLAU.

STRASSBURG
VERLAG VON KARL J. TRÜBNER
1912

Hochansehnliche Versammlung!

Zum sechsten Male tritt heute, an dem Tage, an dem sie vor 6 Jahren gegründet worden ist, unsere wissenschaftliche Gesellschaft in festlicher Sitzung zusammen, um über den engeren Kreis ihrer Mitglieder hinaus vor einer stattlichen Anzahl von Gästen, der wir für die Ehre, die sie uns durch ihr Erscheinen erweisen, herzlich danken, Rechenschaft abzulegen über Freude und Leid, über Arbeit und Wirksamkeit des abgelaufenen Jahres.

Als unsere Gesellschaft im Juli 1906 entstand, war sie die einzige, die in den rheinischen Landen mit bescheidenen Mitteln, aber mit redlichem Willen und mit der Hoffnung auf tatkräftige Unterstützung, die uns nicht getäuscht hat, den Zielen zustrebte, die im Norden und Osten unseres Reiches in Berlin und Leipzig, Göttingen und München altgewurzelte Akademien und gelehrte Gesellschaften verfolgten: Förderung wissenschaftlicher Untersuchungen auf allen Wissensgebieten durch Organisation der Arbeit und Bereitstellung der materiellen Mittel, ohne welche jene nicht ausgeführt werden können. Seither ist der staunenswerte wirtschaftliche Aufschwung Deutschlands nicht nur im Norden des Vaterlandes solchen Bestrebungen vielfach zugute gekommen, wo 1907 die Hamburgische Wissenschaftliche Stiftung und 1910 die Kaiser Wilhelm-Gesellschaft zur Förderung der Wissenschaft ins Leben getreten sind, beide mit reichsten Mitteln ausgestattet und in vornehmster Weise geleitet, sondern auch in Mitteldeutschland und im rheinischen Gebiet hat sich die Gunst freigebiger Mäcene in erfreulichster Weise in gleichem Sinne betätigt und gezeigt, daß die Besitzer der großen Vermögen, die sich bei uns im Laufe der letzten Jahrzehnte gebildet haben, des Wortes, daß nicht bloß der Adel, sondern auch der Reichtum verpflichtet, sich bewußt geworden sind. In Leipzig ist die Gründung von reinen Forschungsinstituten, die mit der Universität in einer noch näher zu bestimmenden Weise verbunden werden sollen, in die Wege geleitet; in der süddeutschen Handelsmetropole Frankfurt hat die ideal-gesinnte Tatkraft eines Mannes alle Hindernisse, die sich der Gründung einer städtischen und modernen Universität in den Weg stellten, zu überwinden gewußt und gewaltige Summen für eine so große Aufgabe zusammenzubringen verstanden; in Heidelberg ist 1909 eine neue Akademie der Wissenschaften entstanden, organisiert nach dem Muster der älteren Anstalten gleicher Benennung; und in Freiburg tritt eben jetzt eine wissenschaftliche Gesellschaft ins Leben, die, wiederum in andere Daseinsform gekleidet, sich ähnliche oder gleiche Ziele wie unsere Gesellschaft gesteckt hat. Lassen Sie mich heute die Hoffnung aussprechen, daß wie die drei oberrheinischen Universitäten seit langen Jahren erfreuliche freundnachbarliche Beziehungen zu einander unterhalten haben, so auch die wissenschaftlichen Gesellschaften, die sich an diese drei Hochschulen anlehnen, in dem gleichen freundlichen Verhältnis miteinander und nebeneinander wirken, und, bei aller Wahrung der Selbständigkeit der einzelnen Institute, doch vielleicht einmal in Zukunft zur Lösung besonders großer und schwieriger Aufgaben, die über die Kräfte und Mittel eines einzelnen von ihnen hinausgehen, sich in gemeinsamer Tätigkeit zusammenfinden mögen.

Unserer Gesellschaft erwachsen besondere Schwierigkeiten und Aufgaben aus den besonderen Verhältnissen unseres Landes, in dem man bisher weniger als in den meisten anderen deutschen Mittelstaaten darauf bedacht, vielleicht auch weniger in der Lage gewesen ist, rein wissenschaftliche Forschungen aus öffentlichen Mitteln energisch zu fördern und zu unterstützen. Entstehen für uns aus dieser Sachlage besondere Verpflichtungen und haben wir dessen ungeachtet bisher darauf verzichtet, staatliche Hilfe zu ihrer Erfüllung zu erbitten, so dürfen wir doch wohl den bescheidenen Wunsch aussprechen, daß der Staat, an dessen Stelle wir mit unseren privaten Mitteln zu treten bemüht sind, uns nicht länger auf dem Wege der Steuererhebung einen nicht ganz unbeträchtlichen Teil dieser Mittel entziehe, und daß die bevorstehende Steuerreform, die eben jetzt unsere Landesvertretung beschäftigt, auch uns wenigstens in dieser Weise eine fühlbare Erleichterung verschaffen möge.

Daß wir die ersten Hindernisse, die nach dem Fälligwerden des großen Trübnerschen Legats aus solcher Steuerlast unserer Arbeit im Wege standen und uns für eine Reihe von Jahren zur Beschränkung unserer Tätigkeit auf kleinste Dinge zu nötigen drohten, glücklich überwinden konnten, das verdanken wir der Klugheit und Aufopferung des Mannes, der heute nicht mehr an dieser Stelle und in unserer Mitte zu sehen wir alle schmerzlich beklagen. Indem Theobald Ziegler, wie heute auch öffentlich ausgesprochen werden soll, uns die beträchtliche Summe, die wir für die Erbschaftssteuer zu zahlen hatten, in uneigennützigster Weise als Darlehen zur Verfügung gestellt hat, hat er sich ein Verdienst um unsere Gesellschaft erworben, das zu allem übrigen, was er für sie getan hat, hinzutretend, ihm für alle Zeiten den Anspruch auf unsere wärmste und aufrichtigste Dankbarkeit gibt.

Und wenn er seit dem 1. Oktober des vorigen Jahres aus der Reihe der ordentlichen in die der auswärtigen Mitglieder übergetreten ist, so wissen wir, daß er der unsere bleibt und auch heute im Geiste bei uns weilt.

Außer ihm ist Herr Schramm von uns geschieden und zu den auswärtigen Mitgliedern übergetreten, nachdem ihn seine Beförderung zum General von Metz nach Pirna abberufen hat. Ganz verloren haben wir Gustav Gröber, den großen Meister der romanischen Sprachwissenschaft an unserer Hochschule, den der Tod von langen und schweren Leiden milde erlöst hat, und seinen Nachfolger Wilhelm Cloetta, dem ein grausamhartes Geschick nur eine kurze Wirksamkeit unter uns beschieden hat: wir werden beider in steter Treue gedenken. Durch die im Laufe des Jahres vollzogenen Wahlen hat unsere Gesellschaft eine erfreuliche Verstärkung der Zahl und der Kräfte ihrer Mitglieder erhalten: es wurden als ordentliche Mitglieder aufgenommen die Herren Heinrich, Klostermann, Küchler, Laqueur, Plasberg, Schultz, Schultz-Gora, Stapper, Störring, Uhlenhuth, Wenckebach von der Universität, ferner Herr Wirkl. Geheimrat Dr. Back, Excellenz, der Kurator unserer Universität, Herr Geh. Rat Dr. Ernst aus Metz und Herr Geh. Rat Prof. Dr. Hecker, der Direktor unserer Erdbebenstation, endlich als auswärtiges Mitglied unser früherer Kollege, Herr Otto Mayer in Leipzig. Ich begrüße die neu eingetretenen Mitglieder, von denen sich die meisten heute zum ersten Male unter uns befinden, herzlich und hoffe, daß sie an unseren Interessen und Arbeiten gern und eifrig teilnehmen werden.

Über diese Arbeiten zu berichten, gereicht mir heute zu besonderer Freude. Von unseren Schriften sind nicht weniger als 5 Hefte erschienen: zwei philologische von Herrn Leumann: Zur nordarischen Sprache und Literatur, und von Herrn Nöldeke: Burzōes Einleitung zu dem Buche Kalila wa Dimna; eine ägyptologisch-juristische über einen Erbstreit aus dem ptolemäischen Ägypten handelnde Schrift, zu der sich die Herren Gradenwitz, Preisigke und Spiegelberg verbunden haben, die rechtswissenschaftliche Abhandlung des Herrn Rehm über die juristische Persönlichkeit der standesherrlichen Familie; die auf dem Gebiet der neueren Geschichte sich bewegende Rede über das tausendjährige Jubiläum der deutschen Selbständigkeit, die ich in der Festsitzung des vorigen Jahres hier vortragen durfte, endlich die prachtvolle Publikation des Alexandersarkophags aus Sidon, die uns Herr Winter geschenkt hat, und die unserer Gesellschaft seitens der Institute, mit denen wir im Schriftentausche stehen, über das hergebrachte Maß weit hinausgehende Bezeugungen lebhaftester Dankbarkeit eingetragen hat. Solchen Austauschverkehr haben wir mit den Akademien zu Berlin, Heidelberg, Kopenhagen, München, Wien und mit den Gesellschaften der Wissenschaften zu Göttingen, Leipzig und Upsala, sowie mit der Universität

Beirut angeknüpft. Weitergehende Anträge auf Ausdehnung der Tauschverkehre aber, wie sie mehrfach aus dem In- und Auslande an uns gelangt und uns ein erfreuliches Zeichen der Wertschätzung unserer Publikationen geworden sind, hat Ihr Ausschuß ablehnen zu sollen geglaubt, da die Anlage einer Bibliothek der Gesellschaft nicht beabsichtigt wird. Soweit die bei uns eingegangenen Tauschschriften nicht für die Universitäts- und Landesbibliothek, mit der wir in den besten Beziehungen stehen, benötigt sind, werden sie auf Beschluß der Mitgliederversammlung an die Universitäts-Institute und -Seminarien, für die sie von Interesse sind, als Geschenk der Gesellschaft verteilt; wir freuen uns, so der Universität unsere Dankbarkeit für die gütige Überlassung ihrer schönen Räume für unsere Versammlungen auch durch die Tat bezeugen zu können.

Wie schon mein Vorgänger in dem letzten Jahresberichte angeführt hat, ist in der Verbreitung unserer Schriften insofern eine Veränderung eingetreten, als diese jetzt auf Kosten der Gesellschaft gedruckt und im Kommissionsverlage von K. J. Trübner veröffentlicht werden. Legt uns diese Art der Publikation zunächst erhöhte Ausgaben auf, so haben wir dafür auch Einnahmen zu erwarten, und wir können den ersten erfreulichen Eingang von 1368 Mark aus dem Erlös für das 9. und 11. Heft unserer Schriften schon jetzt verzeichnen. Mit besonderem Danke aber müssen wir auch an dieser Stelle des fürsorgenden Interesses gedenken, das die Buchhandlung, die uns so nahe verbunden ist, für jetzt noch ohne jeden eigenen Nutzen und mit opferwilliger Hergabe ihrer Arbeitszeit und -kraft, der Herstellung und Verbreitung unserer Schriften widmet, um deren geschmackvolle Ausstattung sich vornehmlich unser Schriftführer, Herr Ficker, verdient gemacht hat.

Von den größeren wissenschaftlichen Unternehmungen unserer Gesellschaft ist die wichtigste und umfangreichste die Vorbereitung der Ausgabe der Akten der älteren ökumenischen Synoden, der griechischen Konzilskanones und des Corpus der Schriften des Athanasius, die unser Mitglied Herr Schwartz leitet, in erfreulichster Weise fortgeschritten. Ein eingehender Bericht von Herrn Schwartz, der diesem Jahresberichte im Drucke beigegeben werden wird, macht ausführliche und höchst interessante Mitteilungen über den Stand der Arbeiten im einzelnen, über die bisher unternommenen Reisen, über die Untersuchung zahlreicher Handschriften, die wir seiner unermüdlichen Arbeitskraft schon jetzt verdanken, und über die wichtigsten Aufgaben, die noch zu lösen sind. Indem ich auf diesen Bericht verweise, füge ich nur noch die überaus erfreuliche Mitteilung hinzu, daß wir den Beginn des Druckes des 3. Teiles der Konzilsakten, der die Akten der Synode von 536 zu Konstantinopel-Jerusalem (besser die Sammlung in Sachen des Monophysitismus) enthalten und mit dem die Ausgabe zuerst an die Öffentlichkeit treten soll, wohl schon in dem heute anhebenden Geschäftsjahr erwarten dürfen. Die Fortsetzung dieses wichtigen, aber auch kostspieligen Unternehmens wird dadurch erleichtert, daß uns die Repräsentation der Cunitzstiftung, der wir schon so reichlichen Dank schulden, auch für die drei nächsten Jahre 1913—1915 einen Beitrag von je 1500 Mark dafür bewilligt hat.

Schon begonnen hat der Druck des Sammelbuches griechischer Urkunden aus Ägypten, das Herr Preisigke herausgibt, und zwar mit dem die Texte enthaltenden ersten Bande, der in zwei Halbbänden ausgegeben werden soll. Für ein drittes im abgelaufenen Jahre beschlossenes Unternehmen, einen Index verborum zu den Novellen ad codicem Theodosianum pertinentes, der von der juristischen Welt mit besonderer Freude begrüßt werden wird, hat uns unser Mitglied, Herr v. Tuhr, eine abermalige gütige Spende von 3000 Mark geschenkt, wofür wir ihm aufs neue unseren herzlichen Dank aussprechen. Die Leitung des Unternehmens hat Herr Gradenwitz übernommen; die Arbeiten für die Verzettelung der Worte wurden von Königsberger Heimarbeiterinnen ausgeführt und von Frau Prof. Schellwien daselbst in freundlichster Güte, für die wir ihr sehr dankbar sind, überwacht. Auch über diese beiden Untersuchungen werden besondere Berichte diesem Jahresberichte beigefügt werden. Endlich wird außerhalb der gewöhnlichen Folge unserer Schriften noch eine vierte Publikation vorbereitet, ein von den Herren Keil und Winter herauszugebendes Gedenkbuch an die Lebensarbeit unseres unvergeßlichen ersten Präsidenten Adolf Michaelis, das allen Mitgliedern der Gesellschaft zugehen soll. Es wird neben biographischem Material ein vollständiges Verzeichnis der Schriften von Michaelis enthalten und so zu seinem Teile dazu dienen, die einzigartige Stellung, die Michaelis in seiner Wissenschaft und an unserer Hochschule eingenommen hat, vor aller Augen klar ins Licht zu stellen.

Mit anderen wissenschaftlichen Instituten zusammen sind wir auch im abgelaufenen Jahre an der Herstellung des Thesaurus linguae latinae durch eine jährliche Subvention von 600 Mark und an dem deutschen Kartell zur Erwerbung von ägyptischen Papyri beteiligt gewesen; doch hat uns die über der Verlosung der erworbenen Papyri waltende Glücksgöttin in diesem Jahre nicht begünstigt. Nachdem durch den Austritt der Berliner Papyruskommission aus jenem Kartell eine neue Organisation desselben nötig geworden war, haben darüber in Frankfurt im April Beratungen der beteiligten Institute stattgefunden, bei denen unsere Gesellschaft durch die Herren Keil und Spiegelberg mitvertreten war. Es sind hier die Grundlagen eines neuen Statuts für das Kartell vereinbart worden, doch sind die Verhandlungen darüber nicht abgeschlossen, und weitere Mitteilungen müssen dem nächsten Jahresbericht vorbehalten werden.

Private Unterstützungsgesuche für wissenschaftliche Arbeiten sind seit der letzten öffentlichen Versammlung nicht zur Behandlung gelangt; ein erst vor wenigen Wochen eingegangenes wird die heutige Mitgliederversammlung beschäftigen. Aus den von der philosophischen Fakultät der wissenschaftlichen Gesellschaft zur Verfügung gestellten Mitteln der Engelmannstiftung ist dem wissenschaftlichen Hilfslehrer Dr. Heinrich Eber (z. Zt. in Philippsburg) der Betrag von 1050 Mark zur Förderung seiner Studien über Hegel bewilligt worden. Den gleichen Betrag hat uns die Fakultät in ihrer letzten Sitzung wiederum überwiesen; über seine Verwendung wird die Mitgliederversammlung im November dieses Jahres zu beschließen haben.

Bei der Jubelfeier der Universität Christiania hat Herr Ehrhard unsere Gesellschaft zu vertreten die Güte gehabt und unsere Glückwünsche überbracht. Eine Einladung der Academy of natural sciences zu Philadelphia, einer der ältesten gelehrten Gesellschaften der Vereinigten Staaten, zu ihrem hundertjährigen Stiftungsfeste, haben wir durch ein Glückwunschschreiben beantwortet.

In der Novembersitzung der Gesellschaft hat Herr Jost uns durch einen ungemein interessanten und fesselnden Vortrag über Empfindung im Pflanzenreich erfreut; in der Februarsitzung hat der Herrscher des Staatsrechts, Herr Laband, uns in die mannigfachen Wandlungen der Verfassung Elsaß-Lothringens in klarer und anziehender Darlegung eingeführt. Heute werden wir die Freude haben, einen Vortrag des Herrn Hofmeister über chemische Steuerungsvorgänge im Tierkörper zu hören.

So liegt wieder ein Jahr hinter uns, reich an Arbeit, und, wir hoffen es, nicht ganz arm an Erfolgen. Unsere freie Organisation, die von allem akademischen Pomp absieht, und uns nach allen Seiten hin, was in unserem Lande besonders wertvoll ist, die volle Unabhängigkeit sichert, scheint sich dauernd zn bewähren, und ich hoffe, wir werden sie nicht aufgeben. Sie läßt aller Tätigkeit Raum und sie schließt jeden Ehrgeiz aus, außer dem berechtigten, dem Ganzen zu dienen. Wenn wir an dem ebenso bewährten Grundsatz festhalten, unsere Kräfte zusammenzuhalten, kein Unternehmen zu beginnen, das wir nicht auch erfolgreich zu Ende führen können, und erst zu wägen, dann aber auch zu wagen, so werden wir auch in Zukunft ein bescheidenes, aber nützliches und geachtetes Glied in der großen Kette gelehrter Gesellschaften sein, auf die unser Volk stolz sein kann. Ein großer Wunsch aber für die Zukunft bleibt noch übrig und mag diesen Bericht beschließen. Die Zweckbestimmung der Trübnerschen Stiftung hat es mit sich gebracht, daß unsere Tätigkeit, soweit sie zu gedruckten Publikationen geführt hat, fast ausschließlich auf das Gebiet der historisch-philologischen und der verwandten theologischen und juristischen Disziplinen beschränkt bleiben mußte. Für kleinere Arbeiten aus mathematischem, naturwissenschaftlichem und medizinischen Gebiet konnten allerdings schon bisher Mittel flüssig gemacht werden und stehen uns solche auch in Zukunft zur Verfügung, aber für größere Unternehmungen dieser Art fehlen sie noch. Möchten sich in den Kreisen der mächtig aufblühenden Großindustrie und des Großhandels unseres Landes Männer finden, die, dem großherzigen Beispiel Karl Trübners folgend, uns auch hier zu lebhafterer Tätigkeit in den Stand setzen, in der Überzeugung, daß es in letzter Linie doch immer die stille und langsame Arbeit der Wissenschaft ist, der auch Industrie und Technik die gewaltigen Erfolge der jüngsten Jahrzehnte verdanken, und daß sie ebenso wohl für sich selbst wie für die Ehre des Landes arbeiten, wenn sie das Fortschreiten der wissenschaftlichen Erkenntnis fördern. Litteris et patriae ist so gut das Losungswort unserer Gesellschaft wie unserer Universität.

Bericht über die Edition der Konzilsakten

Erstattet von Eduard Schwartz

Im Jahre 1909 beschloß die Wissenschaftliche Gesellschaft, die folgenden Editionen vorzubereiten:

1. Die Akten der oekumenischen Synoden von der ephesischen des Jahres 431 bis zu der des Photius im Jahre 879/80. Eingeschlossen ist die Synode Konstantinopel—Jerusalem von 536, die in den Hss. fälschlich die 5. oekumenische [von 553] genannt wird.

2. Die griechischen Sammlungen der Konzilskanones.

3. Die Sammlungen der athanasianischen Schriften. Ausgeschlossen sind die Schriften, die einzeln überliefert und höchstens gelegentlich einer Sammlung angehängt sind, wie die Vita des Antonius und die Quaestiones ad Antiochum. Dagegen sind die Spuria, soweit sie in athanasianische Corpora eingedrungen sind, mit aufzunehmen; alle Corpora athanasianischer Schriften sind erst geraume Zeit nach Athanasius' Tod zusammengestellt, und es gibt kein einziges, das nicht Unechtes enthielte.

Am weitesten war die Untersuchung der handschriftlichen Bestände durch andere schon gefördert für die zweite Abteilung. Hier hatte der Petersburger Akademiker Beneschewitsch in dem grundlegenden Werk über die Kanonessammlung der 14 Titel [St. Petersburg 1905, russisch] die handschriftliche Überlieferung dieser, im 6. Jahrhundert entstandenen Sammlung klargelegt; da der griechische Text der Kanones im wesentlichen auf dieser Sammlung beruht, war hier der Hauptteil der vorbereitenden Arbeit geleistet. Dasselbe mußte zunächst für die zweite, nicht chronologisch, sondern nach sachlichen Rubriken geordnete Sammlung des 6. Jahrhunderts, die des Johannes Scholasticus, geleistet werden, umsomehr als die beiden Sammlungen nicht selten verschmolzen sind. Niemand war berufener zu dieser Arbeit als Prof. Beneschewitsch selbst; es ist auch geglückt, ihn dafür zu gewinnen.

Dagegen ist für das athanasianische Corpus seit der Mauriner Ausgabe [Paris 1698] kaum etwas geschehen; die Übersichten über die athanasianischen Hss., die Wallis [Journal of theological studies III 1902] und v. d. Goltz [Text und Unterss. N. F. 14] gegeben haben, sind, so dankenswert sie sind, unvollständig. Der Unterzeichnete hat auf Reisen und beim

Durchsuchen der Kataloge eine sehr erhebliche Anzahl hinzugefunden; in zuvorkommender Weise haben G. Loeschcke in Göttingen (†) und Prof. G. Ficker in Kiel ihre Kollationen und Notizen zur Verfügung gestellt. Bearbeitet ist bis jetzt nur die bisher völlig unbekannte Hs. der Biblioteca Palatina in Parma Nr. 10 aus dem 12. Jahrhundert, die durch das Entgegenkommen des Kgl. italienischen Ministeriums nach Freiburg geschickt ist; ferner ist durch Herrn Jantsch die Handschrift des Athosklosters Vatopedi 6 photographiert. Die patmischen Hss. sind zwar durch Herrn Dr. Marc photographiert, doch sind die Photographien durch das noch zu berichtende Mißgeschick, das diese Expedition betroffen hat, zugrunde gegangen.

Der größte Teil der Arbeit und der Mittel ist auf die Vorbereitung für Nr. 1 konzentriert. Die Hss. sind meist in Freiburg untersucht; für das liberale Entgegenkommen der französischen und italienischen Unterrichtsministerien und der Bibliotheksverwaltungen in Paris, Montpellier, Mailand (Biblioteca della Brera), Parma, München, Wien, Cöln (Bibliothek des Domkapitels) sei an dieser Stelle der verbindlichste Dank ausgesprochen. Die Herren Prof. Dr. Lietzmann und Dr. F. von der Mühll haben wertvolle Inventarisierungen venetianischer Hss., Herr Prof. Ehrhard von Hss. der Athosklöster geliefert. Folgende Reisen sind im Interesse des Unternehmens ausgeführt:

Der Unterzeichnete ging im Herbst des Jahres 1910 nach Paris, Montpellier und Rom, wesentlich um die griechischen Hss. des Athanasius, der Kanones und der Konzilien zu inventarisieren; von den lateinischen Hss. der Konzilsakten und Dekretaliensammlungen sind die als wichtig schon bekannten ebenfalls inventarisiert, so weit es nötig war; von einer planmäßigen Durchforschung der riesigen Massen lateinischer Hss. in Paris und Rom mußte wegen Mangel an Zeit abgesehen werden; das ist also noch nachzuholen.

Besonders ertragreich war die Untersuchung der griechischen Konzilshandschriften im Vatikan, die durch die außerordentlich liberale und sachkundige Unterstützung der Herren Ehrle und Mercati, sowie die unermüdliche Bereitwilligkeit von Herrn Pio Franchi de' Cavalieri sehr erleichtert wurde. Es gelang, das Material, das für die erste und einzige nach den Hss. gemachte Ausgabe der griechischen Konzilsakten, die römische von 1592, benutzt wurde, nahezu vollständig wieder aufzufinden und so einen ersten Überblick zu gewinnen über ein seit Jahrhunderten völlig unbekanntes Gebiet.

Im Sommer und Herbst des Jahres 1911 gingen zwei Expeditionen ab, an denen sich die Straßburger wissenschaftliche Gesellschaft beteiligte. Dem Leiter des Instituts für technisch-wissenschaftliche Photographie, Herrn Jentsch, war der Auftrag gegeben, auf dem Athos die Athanasiushandschrift Vatopedi 6 und die Hs. der Akten der 7. Synode Lawra Θ 215 aufzunehmen. Die Aufträge sind ausgeführt, wenn auch nicht alle Aufnahmen brauchbar sind. Für die Hs. der Lawra hat das nichts zu bedeuten, da sie neben dem abendländischen Material keinen selbständigen Wert besitzt; dagegen ist für Vatopedi 6 eine Nachlese nötig, die aber leicht zu besorgen ist, da noch mehrere Hss. in Vatopedi aufgenommen werden müssen.

Ein sehr bedauerliches Mißgeschick hat die zweite Expedition, die Herr Dr. Marc nach Patmos zu gleicher Zeit unternahm, um einen guten Teil ihres Erfolges gebracht. Aus noch nicht aufgeklärten Ursachen, an denen Herr Dr. Marc jedenfalls völlig unschuldig ist, versagte das photographische Papier, das von einer Fabrik geliefert war, deren Erzeugnisse im Übrigen mit Recht sich des besten Rufes erfreuen: in überraschend kurzer Zeit trat in einer Weise wie es bisher noch nicht beobachtet ist, ein totaler Regreß des latenten Bildes ein, sodaß die auf diesem Papier gemachten Aufnahmen sich nicht mehr entwickeln ließen. Durch einen Zufall waren auch einige Rollen die eine andere Firma geliefert hatte, mitgenommen, die von jenem Fehler gänzlich frei waren. Herr Dr. Marc war es auf diese Weise möglich, die alten und wichtigen Kanoneshandschriften 172. 173. 174 vollständig, in vorzüglichster Weise aufzunehmen; sie sind Herrn Prof. Beneschewitsch leihweise überlassen, und er hat dafür seine Photographien des Sinait. 1690 [Akten von Chalcedon] mir zur Verfügung gestellt, ein Dienst, der um so höher zu bewerten ist, als Herr Beneschewitsch der einzige Gelehrte ist, dem die Mönche des Katharinenklosters gestattet haben, zu photographieren. Leider aber sind die Aufnahmen der beiden Athanasiushandschriften 3 und 4 (gegen 500 Blätter) aus der angegebenen Ursache zugrunde gegangen, und an eine zweite Expedition ist so bald nicht zu denken, erstens wegen des Krieges, zweitens weil unbegreiflicher Weise und nicht von den Mönchen selbst, sondern von einer höheren geistlichen Stelle aus das Photographieren untersagt ist, wie auf dem Sinai. Es wäre sehr zu wünschen, daß von der deutschen Botschaft in Konstantinopel aus auf das Patriarchat eingewirkt würde, um eine Zurücknahme dieses unsinnigen Verbots zu erwirken; eine gemeinschaftliche Vorstellung der deutschen Akademien beim Auswärtigen Amt wäre geeignet, die Aufmerksamkeit des Auswärtigen Amts auf diese für die Wissenschaft wirklich sehr wichtige Frage zu lenken. Ich stelle anheim, ob unsere Gesellschaft die Initiative ergreifen will.

Im Früjahr 1912 hat der Unterzeichnete die Bibliotheken von Verona, Brescia, Mailand (Ambrosiana) und Novara durchforscht und eine große Anzahl von photographischen Aufnahmen in Verona und Novara gemacht. Die Verwaltungen dieser Stiftsbibliotheken zeigten überall das liberalste Entgegenkommen; besonders sei hier der Hilfe der gelehrten Leiter der Ambrosiana und der Capitolare in Verona, Msgnr. Ratti und Cav. A. Spagnolo dankbar gedacht.

Ich zähle nunmehr auf, was bis jetzt für die griechische Überlieferung der Konzilsakten ermittelt ist, indem ich mich auf die Hss. beschränke, welche die gesamten Akten einer Synode enthalten. Die namentlich für die 3. und 4. oekumenische Synode recht zahlreichen Codices, die in verschiedenen Zusammenstellungen einzelne Stücke, wie die Briefe Cyrills oder den Tomus von Papst Leo enthalten, übergehe ich, obgleich sie bei der Inventarisierung stets mit berücksichtigt sind; das Material ist noch nicht so durchgearbeitet, um übersichtlich vorgelegt werden zu können.

1. Ephesus. Eine besondere Rezension stellen dar *) Coislin 32 (s. XII) und die beiden Parallelhss. Monac. *115 und *116, die aus demselben Original am Ende des 16. Jahrh. abgeschrieben sind. Eine in Anordnung und Text davon verschiedene Gruppe bilden der Paris. 416 s. XVI [z. Teil photographiert], als bester Vertreter, neben dem Vatican. 2179 und Ottobon. 23 wertlos sind, und die Parallelhss., ebenfalls aus dem 16. Jahrh., Monac. 40 und, das bessere Exemplar der beiden, *Monac. 43. Die in beiden Hss. fehlenden Aktenstücke am Schluß sind in den *Monac. 27 und *45 vorhanden. Dem liederlich und inkorrekt geschriebenen Parisin. 417 [z. T. photographiert], dessen spezielle Fehler den Apparat nicht belasten dürfen, kommt eine Sonderstellung zu, da er in sehr guten Lesungen mit der Rezension des Coislin. 32 zusammentrifft. Endlich vertritt der Vatican. 830, von dem Ottobon. 49 und Vat. 1177 abstammen, eine dritte Rezension, die der des Paris. 416 am nächsten steht, ohne mit ihr identisch zu sein; sie ist die reichhaltigste von allen. Zu untersuchen sind noch eine Bombycinhs. des 13. Jahrh. zu Athen, im Besitz der Χριστιανικὴ ἀρχαιολογικὴ ἑταιρία [Nr. 9], ferner Scorial. X 11 7 [1588 geschrieben] und Ambros. M 88 sup. (nur einzelne Stücke enthaltend), endlich der Vindobon. theol. 40 [nur einzelne Aktenstücke enthaltend] und der für die Cyrilliana wichtige Paris. 1308 [1389 geschrieben], um nur die wichtigsten Codices anzuführen.

2. Chalcedon. Hier liegen zwei alte Hss. vor, Venet. 555 s. X/XI und *) Vindobon. hist. gr. 275, s. XII, die jeder eine gesonderte Rezension enthalten. Wie der Vatic. 831 [Original des Vat. 1178] und der Ottob. 29 sich zu diesen beiden Rezensionen verhalten, bleibt noch zu untersuchen, ebenso die Stellung des (in Photographie vollständig vorliegenden) Sinait. 1690, der nur die erste Sitzung enthält. Ein großes Stück dieser Sitzung steht auch im Paris. 415, dessen verloren gegangene Blätter aus seiner Abschrift, dem Ven. 165 ergänzt werden können.

3. Konstantinopel—Jerusalem 536 oder vielmehr die von Maaßen [Gesch. d. Quellen und Litt. d. kanon. Rechts 753] s. g. Sammlung in Sachen des Monophysitismus; zu dem von Maaßen richtig angegebenen Inhalt muß nur

*) Mit einem Stern sind die vollständig erledigten, zur Benutzung im Apparat bereiten Hss. versehen.

noch die Schrift Justinians gegen Origenes hinzugenommen werden, die in allen Hss. den Schluß der Sammlung bildet. Die Akten der beiden Konzile, die ja keine oekumenischen waren und nur irrtümlich in den Hss. mit dem 5. oekumenischen Konzil verwechselt werden, sind nur ein Teil einer sehr merkwürdigen Urkundensammlung, die in den sabbaitischen Klöstern Palaestinas zwischen 536 und 553 zusammengestellt sein muß, um sowohl Monophysiten als Origenisten zu bekämpfen. Über die griechische Überlieferung hat Guenther in den Prolegomena zu seiner Ausgabe der Collectio Avellana [Corp. scriptt. eccles. Latin. t. 35 p. LXIV ff.] gehandelt, doch läßt sich die Zahl der von ihm angeführten Hss. auf drei reduzieren: *Parisin. 418. *Monac. 486. *Vatican. 1179; auch die Handschrift des Athosklosters Iwiron 381 s. XV ist nur ein sehr interpolierter Vertreter der Gruppe des Vat. 1179. Abgesehen von einigen Aktenstücken, die auch im Vatic. 1455 f. 235—242 erhalten sind, existiert nur für das erste Stück der Sammlung, die apokryphen Briefe an den monophysitischen Bischof von Antiochien, Petrus Fullo, eine Nebenüberlieferung im Vat. 1904, von dem einige Blätter, wie A. Mai festgestellt hat, sich in den Vat. lat. 7153 verirrt haben; für einen Brief, den des Quintianus, kommt auch der Vindob. hist. gr. 127 als ein, freilich nicht so wertvoller Vertreter dieser Rezension in Betracht. Durch diese Seitenüberlieferung, die der Collectio Avellana sehr nahe steht und die übrigen Hss. fast in jedem Satze berichtigt, erhält die Kritik der merkwürdigen Fälschungen, die kaum nach 518 entstanden sind, eine neue Grundlage. Da die in den Akten des Konstantinopeler Konzils von 536 enthaltenen Briefe von Papst Hormisda sich lange nicht in dem Maße von der Collectio Avellana entfernen, muß angenommen werden, daß jene Briefe schon dem Redaktor der Sammlung in schwer entstellter Form vorgelegen haben; da ferner die Collectio Avellana, der Vat. 1904 und die Sammlung in Sachen des Monophysitismus nicht durchweg dieselben Briefe und nicht in gleicher Anordnung enthalten, können sie nicht von einem Autor herrühren; es müssen sich vielmehr an einen Kern Weiterführungen und Fortsetzungen der Fälschung angeschlossen haben. Entstanden ist diese sicher in Konstantinopel. Ich bemerke schon hier, daß die von Merlin in der ältesten gedruckten Konziliensammlung [Paris 1524] veröffentlichte lateinische Übersetzung dieser Sammlung ein junges und wertloses Produkt ist; sie stimmt stets mit der Überlieferung des Paris. 418 überein und bietet, so weit ich sehe, nirgends eine Berichtigung des griechischen Textes, ein bei lateinischen Übersetzungen von Konzilsakten unerhörter Fall. Es kann daher von ihr abgesehen werden. Da das griechische Material vollständig beisammen ist, kann diese Sammlung zuerst veröffentlicht werden: ein Teil des Manuskripts für die Ausgabe ist schon fertig gestellt.

4. Konstantinopel 680/1 [6. oekumenische Synode]. Die Hss. gehen alle

zurück auf eine Abschrift, die der Patriarch Johannes im Jahr 713 von den Originalakten, die er vor der Zerstörung durch den Usurpator Vardanes bewahrt hatte, durch den Diakon und Chartophylax der Hagia Sophia Agathon herstellen ließ und dem Papst Konstantin nach Rom schickte. Sie zerfallen in zwei Gruppen. Die erste besteht aus dem Ven. 166, aus dem Ottobon. 28 abgeschrieben ist, und dem *Monac. 186. Die zweite wird durch junge Abschriften eines alten, durch Blattausfall und sonstige Verletzungen arg beschädigten Exemplares gebildet, das um 1500 nach Italien gelangte und dort verloren ging. Die Abschriften lassen sich wiederum in zwei Gruppen zerlegen: 1. *Mon. 198. *Mailand Brera A F X 47. Vat. 833 (aus dem Ottob. 370 abgeschrieben sein dürfte). Bologna Bibl. comm. A I 11]. 2. Vat. 834. Vat. 1180. Vallicell. C 8. Vindobon. hist. gr. 32 [interpoliert und wertlos]. Regin. 55.

Zu dieser Synode gehört die sie vorbereitende Lateransynode von 649. Die griechische Übersetzung ihrer Akten ist in einer Hs. erhalten, dem Vatic. 1455, aus dem Barberin. 529. Mon. 207. Ambros. 1058 abgeschrieben sind.

5. Nicaea 787 [7. oekumenische Synode]. Über die Hss. dieser Akten kann ich bis jetzt nur sagen, daß

1. der alte Vat. 836 s. XI eine besondere Rezension bildet;
2. Vat. 834. 1181. Mailand Brera A F X 47 Parallelhss. sind, von denen die dritte wertlos ist.
3. Ven. 166 das Original von Ottob. 27 und sehr wahrscheinlich auch von Lawra Θ 215 ist. Über den Scorial. Ψ II 14 und den Athous des Xenophonklosters 14 ist mir noch nichts bekannt.

6. Konstantinopel 869 [s. g. 8. oekumenische Synode]. Der griechische Text der Akten ist nur in einem Auszug bekannt; soweit ich sehe, ist dieser nur im Ven. 167 erhalten, aus dem direkt oder indirekt Monac. 436. Ottobon. 27. Mon. 27. Vat. 1183 geflossen sind. Unbekannt sind mir noch geblieben die schon bei der 7. Synode erwähnte Athoshandschrift aus dem Xenophonkloster 14, eine Hs. des Klosters in Kosinitza, die Papadopulos Ἑλλην. φιλολ. συλλ. παράρτησ. t. 17, 42 oberflächlich beschrieben hat, und Oxon. Laud 26 [1584 geschrieben, schwerlich von Wert].

7. Konstantinopel 879 [Synode des Photius]. Über die Gruppen der recht zahlreichen Hss. kann ich noch nichts Bestimmtes sagen; Vat. 1183. Mon. 27. Ottob. 27 werden ebenfalls aus dem Ven. 167 abgeschrieben sein.

Viel größere Schwierigkeiten stehen der Beschaffung des lateinischen Materials entgegen. Die Massen lateinischer Hss., der Mangel gedruckter, brauchbarer Kataloge, die Zerstreuung so wichtiger Bibliotheken wie des Pariser Jesuitenkollegs und der Bibliothek von St. Pierre in Beauvais u. a. m., stellen einer auch nur annähernd vollständigen Inventarisierung fast unübersteigliche Hindernisse in den Weg. Für die belgischen Klosterbibliotheken ist in Professor Bidez in Gent ein vorzüglicher Mitarbeiter gewonnen; aber das hilft dem Mangel im Ganzen nicht ab. Am schlimmsten ist, daß sich eine Durcharbeitung der alten Dekretaliensammlungen nicht wird vermeiden lassen; die Vorarbeiten der Ballerini und Maaßens verlangen dringend eine Fortführung, die aber die Grenzen des Konzilienunternehmens zu sprengen droht. Ich muß mich hier auf das Wenige beschränken, das ich bisher für die Übersetzungen der Akten zusammengebracht habe, indem ich die Angaben Maaßens als bekannt voraussetze.

1. Ephesus. Der Veronensis 22 ist von mir photographiert, ebenso die hierhergehörigen Stücke aus Veron. 59, ferner ist Vindobon. 489 [die salzburger Hs.'] erledigt. Der — junge — Vatic. 1320 gehört tatsächlich wie Maaßen [732] vermutet, zu der Gruppe der salzburger Hs.

Das Synodicon Casinense muß in die Sammlung mitaufgenommen werden, umso mehr als es nach einer glänzenden Vermutung des ausgezeichneten russischen Kirchenhistorikers Bolotow von Rusticus, dem Bearbeiter der Akten von Chalcedon, offenbar bei Gelegenheit des Dreikapitelstreits zusammengestellt ist.

2. Chalkedon [Maaßen 737 ff.]

a) Cod. Novar. XXX f. 20—34 ist von mir photographiert; auch die darauf folgende sehr wichtige Appellation des Eutyches an Papst Leo mit einer großen Sammlung von Aktenstücken und Exzerpten, die von Amelli in 'Papa Leone Magno e l'Oriente' veröffentlicht ist.

b) Cod. Notre-Dame 88 = Paris. 16832 ist erledigt. Zu den beiden von Maaßen aufgeführten Hss. dieser Sammlung kommt noch der Barberin. 680 hinzu.

c) Ambros. E 147 sup. + Vat. 5750 sind eine bobbienser Hs. des 7./8. Jahrh., übel zugerichtet, da sie ein Palimpsest ist, in dem unter dem Text der chalkedonischen Akten Fronto und Cicero stehen. Veron. 58 ist von mir photographiert; die Hs. ist durch Wasser böse mitgenommen. Ferner ist Montpellier 58 erledigt. Cod. Chisianus 483 [nicht 463, vgl. Ballerini, opp. S. Leonis t. II 1519] war in der Chisiana nicht aufzufinden.

Zu Chalkedon gehören 1. der Codex encyclius; 2. die veroneser Sammlung in Sachen des Acacius. Der Veron. 22 ist von mir photographiert. Über die Sammlung in Sachen des Monophysitismus s. o.

3. Konstantinopel 553. Ein kleines Frg. im Paris. 2123 kommt zu den einzigen beiden Hss., die Maaßen aufführt, hinzu. Die von Baluze benutzte Hs. von Beauvais ist noch nicht wiedergefunden, die des Collège Clermont wohl definitiv als verloren anzusehen.

Die Collatio cum Severianis ist durch die wichtige, von Maaßen nicht beschriebene Sammlung des Parisin. 1682 erhalten.

4. Konstantinopel 680/681. Die Hs. von Beauvais ist als Paris. nouv. acquis. 1682 wieder aufgetaucht; ich verdanke den Nachweis dem Spürsinn des Bibliothekars Dr. Jacobs in Berlin (jetzt in Freiburg). Die von Maaßen aufgeführten Codd. Vaticani [1325—1328] sind jung, s. XV, ebenso der Ambros. E 79 inf. Dagegen gehören die Maaßen [d. h. den Ballerini] unbekannt gebliebenen Hs. Ambros. M 67 sup. und Venet. 163 dem 12. Jahrh. an. Vindobon. 418 ist erledigt.

Freiburg i. B., 24. Juni 1912

E. Schwartz

Nachschrift. Ich habe die Korrektur des Berichts in Rom gelesen, wo ich die lateinischen Bestände der Vaticana durchgesehen habe; die, z. T. wenigstens, sehr reichen Ergebnisse, die u. a. die Handschriften der lateinischen Akten des Laterankonzils von 649 und der Übersetzungen des Anastasius von der 7. und 8. oekumenischen Synode nachweisen werden, müssen einem besonderen Bericht vorbehalten bleiben.

Rom, Oktober 1912

E. S.

Bericht über das Sammelbuch griechischer Urkunden aus Ägypten.

Erstattet von Friedrich Preisigke.

Die Vorarbeiten zur Herstellung des Sammelbuches griechischer Urkunden aus Ägypten (vgl. Jahresbericht IV) sind im letzten Jahre rüstig gefördert worden. Das Sammelbuch wird alle in Zeitschriften und Einzelabhandlungen erschienenen Urkunden in sich vereinigen, sowohl Papyri als auch Ostraka, Inschriften, Mumienschilder usw. Alle diese Urkunden waren bisher wegen ihrer Verstreutheit nicht immer leicht erhältlich, auch waren sie inhaltlich der Forschung nur mit Mühe zugänglich, weil es einen sie umfassenden Index nicht gab. Durch das Fehlen eines solchen Index ist jene Urkundengruppe scharf unterschieden von einer zweiten Gruppe, die in selbständigen Ausgaben, jedesmal versehen mit Indizes, veröffentlicht worden ist (für die Inschriften z. B. CIGr. III und Dittenberger, Or. gr. inscr., für die Ostraka z. B. Wilcken, Griech. Ostraka aus Ägypten und Nubien, für die Papyri z. B. BGU. und P. Oxy. usw.). Die zweite Gruppe bleibt für das Sammelbuch außer Betracht. Die in das Sammelbuch zu übernehmende erste Gruppe wird mit umfassenden Indizes ausgestattet werden, sodaß alsdann die erste Gruppe der zweiten gleichstehen wird.

Das Sammelbuch bringt nur die Texte, wobei die nachträglich bekannt gewordenen Berichtigungen berücksichtigt werden. Kommentare bringt das Sammelbuch nicht; in dieser Hinsicht bleibt der Wert der Erstdrucke nach wie vor bestehen.

Die druckfertig vorliegende Handschrift des Sammelbuches umfaßt jetzt 5000 Urkunden aller Art; da das Sammeln noch fortschreitet, wird sich die Zahl der Urkunden bis zum Abschlusse der zunächst herauszugebenden Bände noch erheblich vermehren. Mit der Drucklegung ist kürzlich begonnen worden; die drei ersten Bogen liegen gedruckt vor. Es sollen zunächst zwei Bände erscheinen, welche die Gesamtmasse der Urkunden enthalten; ein dritter Band soll die Indizes aufnehmen.

Die Urkunden des Sammelbuches werden weder nach inhaltlichen, noch nach zeitlichen oder örtlichen Gesichtspunkten geordnet, sondern folgen

FSC
www.fsc.org
MIX
Papier | Fördert gute Waldnutzung
FSC® C083411

Kolibri 360 GmbH
Ferdinand-Jühlke-Straße 7
99095 Erfurt, Deutschland
produktsicherheit@kolibri360.de